HOJARASCA CRUJIENTE

HOJARASCA CRUJIENTE

Guillermo Callejas

N 861.44

C157 Callejas, Guillermo

Hojarasca Crujiente / Guillermo Callejas

-- 1a ed. -- Managua: Servicios Gráficos

204 p.

ISBN 978-99964-24-08-3

Primera Edición 2025

Impreso en Managua, Nicaragua

Diseño y Diagramación: **Denis Navarro / Yanori Torrez**

Diseño de Portada: **Alba Cecilia Callejas**

Edición al Cuido: **Ariel Montoya**

Impreso por: **Servicios Gráficos**

Hojarasca crujiente, de Guillermo Callejas

Erick Aguirre Aragón

Vista desde una perspectiva general y concibiéndola en un contexto que en mi opinión abarca el siglo XX y las últimas dos décadas, la poesía contemporánea nicaragüense ha desarrollado una vertiente influida contradictoriamente por el romanticismo (traducido en modernismo) de finales del siglo XIX, la Nueva Poesía Norteamericana de inicios del XX y en menor medida por las vanguardias europeas del mismo período.

No es difícil apreciarlo cuando leemos por ejemplo la obra de autores que han venido emergiendo en los últimos o más recientes tiempos de este milenio que empieza. Uno de ellos es el poeta Guillermo Callejas, cuyos textos muestran los rasgos de cierto influjo romántico y al mismo tiempo vanguardista, marcados sin embargo por el sello de un poeta auténtico, dueño de una voz propia que a su vez tiene la marca también indeleble de su propia nacionalidad. Voz auténtica y lenguaje poético afectados eventualmente por el uso graduado y natural de giros y vocablos propios del habla nicaragüense.

Callejas es autor de Poemas para Jackie (2013) y del relato fantástico-realista titulado La leyenda de la Princesa Nandayure, (Inédito,2022), en el que muestra sus dotes narrativas y su ágil y despierta imaginación. En Poemas para Jackie ya mostraba esos rasgos de autenticidad en la voz poética y en el uso desenfadado y fluido del lenguaje.

Al contrario del famoso libro amoroso de Neruda, éste de Callejas no trata o no se inspira en un arquetipo abstracto o vago de mujer, sino en el de una mujer en particular: Jackie, "amada inmóvil", objeto específico de sus recuerdos, de sus más hondas pasiones y de sus incontenibles furores a lo largo de todo el poemario.

Pero en este nuevo libro suyo de poesía, Hojarasca crujiente (2024), aunque el tema amoroso siempre está presente con sus arrebatos melancólicos, sus nostálgicas memorias y sus evocaciones sentimentales en sitios significantes, no sólo de Nicaragua sino de distintos puntos del planeta (y que a su vez están descritos con auténtico lirismo), el hablante también discurre acerca de otros motivos y obsesiones, sobretodo existenciales.

Se recurre con frecuencia a cierto tipo de experimentaciones discursivas (ecos sugerentes del viejo vanguardismo), mezcladas con un evidente influjo romántico (en el sentido anti-pragmático y más espiritual), acerca del sentido o sinsentido de lo absurdo; reflexiones metafísicas, personales, o indagaciones telúricas y amorosas que con frecuencia reflejan o vuelcan poéticamente su particular homenaje a la geografía y a la historia de su país.

En el contexto de la poesía contemporánea nicaragüense resulta pertinente a estas alturas subrayar (y saludar) un discreto alejamiento en este libro del influjo exteriorista, esa corriente o tendencia poética predominante en Nicaragua durante casi todo el siglo XX.

Hay en este poemario una mezcla o entreveración sana, discreta, y como repito, muy auténtica, de "paisaje interior" y "paisaje exterior", que como apuntaba el poeta Beltrán Morales fue muy poco frecuente o poco cultivada entre los poetas nicaragüenses de la segunda mitad del siglo XX.

Las paradisíacas visiones de sitios y parajes de Nicaragua o los evocadores aunque a veces aplastantes entornos de la precaria urbanidad managüense, mezclados eventualmente, o poéticamente contrapuestos, con otros entornos, también evocadores y nostálgicos, del orbe; pero todos, o casi todos, fungiendo como detonantes análogos del estado emocional, sentimental o nostálgico del hablante. "Paisaje interior" entreverado con visiones exteriores por lo general descritas con auténtico lirismo.

Hojarasca crujiente nos muestra a un poeta plenamente libre, a veces procaz (nicaragüensemente procaz), atrevido, libidinoso en el mejor sentido, travieso en el lenguaje y provocador en la picardía de sus alusiones íntimas y amorosas; aparentemente inocente y al mismo tiempo lúdico, sentimental y romántico; pero en casi toda circunstancia marcado por el fierro incandescente del amor.

Managua, enero del 2024.

ÍNDICE:

PRÓLOGO

Hojarasca crujiente, poética de la epifanía del amor y la vida

Ariel Montoya

Hojarasca crujiente del poeta Guillermo Callejas (Managua, 1958), es la magia nostálgica del amor adolescente —no importa la edad del autor—. Sus páginas lo dicen y él lo pone en alto riesgo de evidencia.

Son versos libres, procaces, atrevidos, libidinosos, traviesos, inocentes, sentimentales y románticos marcados por el fierro del amor que se marchó para siempre, pero que dejó su huella imborrable en la piel hambreada de pasión, o apasionada y acompañada de la mujer que con todos sus frutales regados por su cuerpo, el poeta devora como un pájaro o un tucán silvestre a un árbol cundido de manzanas o guayabas, sazonas y maduras, frescas como los pechos de una adolescente vistos por sus ojos y contemplados por las costas de Corn Island en el Caribe Nicaragüense o en una gélida ciudad estadounidense, pero ardiente entre los dedos amatorios del versificador y su amada.

Es un libro que nos recuerda no desprendernos del amor, de ese amor siempre juvenil y brioso aún más allá de las escarpadas de las edades y los tiempos, las modas y los discos. ¿Influencias? Si las hay. ¿Pero qué poeta no las tiene, no las arrastra en su licitación estética versificadora? En su libro está Rubén Darío, tan en boga siempre; Juan Ramón Jiménez, tan ducho en sus amores de pubertad y heliotropos; Álvaro Urtecho con sus retrospectivas filosóficas del tiempo y la distancia; Fernando Pessoa con su infinito dolor a cuestas bajo su negro sombrero de soledad; Mario Benedetti con su encrucijada urbana llena de pesares y furtivas cotidianidades y muchos otros más. Pero es también la poesía de Callejas que va caminando labrando un estilo. Poeta de la brevedad gramatical lineal y de la intensidad apasionada hacia el amor carnal y sentimental.

Amores que cavilan por destierros, cicatrices y circunstancias accidentadas en la rutina del diario vivir, de cuyas realidades quizás no sobresalgan tensiones escénicas dignas de un acontecer informativo, pero que generan lágrimas de dolor en la penumbra de la habitación o en la vocinglería urbana y bulliciosa de la gran ciudad, sola para el poeta, sea Managua, París u Honolulu.

Ya en los versos de su libro Poemas para Jackie asomaba el poeta enternecido por la briosa pasión amatoria y por la soledad que quema y asfixia tras el abandono pueril y cenagoso. En este libro Callejas ahonda con más serenidad y reposo la increíble odisea del amor, calando en sus versos sabores y sinsabores de esa hasta hoy, máxima experiencia humana de la carne y el espíritu que a todos atrapa, revuelca y sosiega, importándole más estas impetuosas emancipaciones que las metáforas exterioristas de tractores y rimbombancias literarias e intertextuales.

Él es feliz poetizando sobre los malinches, sobre la luna y sus lunadas, las estrellas y sus aspavientos nocturnos y sobre la belleza, la felicidad o la tristeza de las mujeres amadas por él.

Profeta de sus versos, el "Poeta del amor" ha logrado agotar dos ediciones de su primer libro (proeza elevada en un país como Nicaragua con muchas tradiciones y glorificaciones, pero con pocos lectores y sobre todo de poesía).

Pero no solo poesía enamorada de un hombre hacia una mujer aparece en sus libros. No. Están también otros poemas de amor, pero de amor filial hacia la madre o el padre en sus desvelos y sacrificios; el amor hacia sus poetas admirados y trágicos en sus vidas, como Manolo Cuadra, Alfonso Cortés o Julio Cabrales, a quienes el poeta se acerca, vivos o muertos para alternar con ellos sus versos, fracasos y sueños.

Hojarasca crujiente es un canto al amor pleno y a la desolación cautiva, la experiencia de la epifanía de la vida y sus vastos universos entre los que el amor, como un logrado tesoro de la felicidad humana, alcanza su más alto vuelo de entre la zozobra de las tinieblas y el piélago de la asombrosa experiencia del vivir día a día, como aquel poema de Benedetti en el que dice que él la besó sin pedir permiso lo que le pareció la gloria, devolviéndole el beso pero "con hambre atrasada".

2012

Ningún secreto bailotea en los ojos.
Nada nuevo en rincones que el corazón halló
por siempre desolados.

Alvaro Urtecho

I LUNA DE AGOBIO

Y yo estaba solo,

Junto a una mujer fantasmal bajo la Luna…

Luis Alberto Cabrales

Como el mar

Como el mar que se mete todo
Dentro de la caracola
A contar sus penas
Sus cuitas de amor
Su ansiedad
Con un rumor eterno
Cascadas de lágrimas
Con olor a ternura y a tristeza
Así quiero entrar en ti
Profundo como el tuétano
Y habitar
Hacer vida al vaivén de tu sangre

Cada ilusión que descubro

Cada ilusión que descubro
En la sonrisa de un niño
Que desmaya en la calle
Me recuerda a ti
Alguna vez desorientada
La tristeza de un libro olvidado
En el rincón de una habitación
Me trae palabras que guardaste
Y que llevaste hacia el olvido
La melancolía que cuelga de una guitarra
Y se balancea entre sus cuerdas
Me recuerda la promesa oculta en tus ojos
Cubierta bajo tus pestañas negras.
La lluvia roja de los malinches
En las tardes más húmedas de julio
Me traen el rubor de tu angustia enamorada
Cuando mirabas la audacia
De mis verdesclaros
Que se deslizaba entre el sendero de nácar

Cuando yo aquí me descubro
Vistiendo la soledad de tu ausencia
Bajo el viento de este invierno
Que me trae la voz de tu abandono
Surgen estos versos
Callados como la nostalgia de un tren en fuga
Sólo para ti

Claro de Luna

Luna clara

Sombra negra

Cuerpo oscuro

Galope de deseos

Por tu nombre

Como el vago recuerdo

Como el vago recuerdo

(Pueblo visto desde lejos)

Con sus misterios

Como la niebla

Sobre la noche profunda

Tu nombre

Algunas veces yo decido

Algunas veces yo decido
Despertar amores idos
Y son como eclipses
Que por momentos
Oscurecen los cielos
De mi nuevo amor
Y me hacen llorar los recuerdos
Cuando cursimente revuelvo
Cartas escritas bajo la lluvia
Y se remueven las estrellas
De universos perdidos
Alguna balada baila
Al ritmo de una sombra enamorada
Y unos ojos me miran
Más allá de la neblina
Algunas veces yo decido
Abrir las puertas
Que cerró el otoño
Y desde el jardín se vienen

Las rosas abandonadas
Las rosas marchitas
La orquídea solitaria
Y un perfume de jazmín
Cuya esencia habla
De aquella piel morena
Que se volvió nieve
Al torcer la esquina
Son pocas
Pero algunas veces
Decido empañar los ojos
En el mar de los espejos

Hay quienes dicen

Hay quienes dicen
Que no hay besos más románticos
Que aquéllos que nos dimos
Bajo la blanca luz de la luna
Allá en Salt Lake City
Con su resplandor de nieve
Y su humedad de lenguas
Sangre y eternidad
Temblor y balbuceo
Nuestros besos
Bajo la luna

María Joaquina

María Joaquina
Sentada bajo el dintel de una ventana
Lee poemas de amor
Sueña
Su pelo negro
Su mirada hundida
En las páginas tristes de una historia triste
La vuelven misteriosa
Más aún que su negra mirada
Sus piernas bajo el vestido
Que se encogió con las rimas que entusiasman
Señalan el sendero hacia la gloria y el pecado
Y más allá de la niebla gris de la melancolía
Se juntan vida y esperanza
María Joaquina
Sentada bajo el dintel de una ventana
Es un poema de amor
Pintado en el silencio

Habrás de recordarme

Tú que aprendiste
A tejer el olvido
Con manos de artesana
Que heredaste la indolencia
Del mármol y el granito
Que sabes refugiarte en el silencio
Como el viento que penetra
Las ranuras invisibles
A pesar de tu porfía
Habrás de recordarme
Y en ese instante
Deslizándote
Escalera abajo en la distancia
Despojándote de orgullo
Volverás

No había luna de plata

Una tarde de lluvia irisada
Bañando con su sonrisa
Las gotas que caían
Yo la conocí
Bajo el naranja encendido
De su vestido
Bailaba su cuerpo
Aquí para allá
Caminando
Meciéndose
Mientras volaban ideas
Margaritas
Y deseos atrapados
Como arrebol
Por las mañanas
En coquetas mariposas
Desde una mesa cercana

Como sombra una mirada
Apasionada
La perseguía celosa
Hacia un lado
A la orilla de un rincón
Mis ojos brillaban
Cuando ella volteó hacia mí
Durante la noche llegaba
No había luna de plata
Sólo furtivo y audaz
Mi poema de amor

En una esquina donde el viento

En una esquina donde el viento
Se traiciona a sí mismo
La cita de la vida marcó nuestro destino
Cuando quise olvidarte
Alejarme en silencio
Bajo la guía callada de las estrellas
Rumbo al horizonte
Mi sombra me traicionó
Atada a mí
Giró sobre ella
Me llevó indeclinable
De regreso a tu sonrisa
Al rayo de promesas
De tus ojos negros

Esa señora que derrocha virtudes

Esa señora que derrocha virtudes
Que reparte su afable sonrisa
Fue mi amante

Juntos quemamos la madera del mundo
—El incienso del tiempo—
Cuando me pidió la noche
Cerré los ojos
Y penetré en sus sueños

Encuentro

Era un día nublado
De esos
En que la nostalgia
Se cuelga de nuestros sueños
Juguetea cual mariposa
Entre flores dormidas
Columpia en la soledad
Y el viento musita
Baladas de amor
Llegué a ti
Viniste a mí
Juntos entonces
Descorrimos las cortinas
Que apresaban al sol
Soltó su cabellera de oro
De trigo y medio día
Alumbrando todo
Y se marchó la tarde
Con su melancolía

Entonces tejimos una red

Un ensueño

Un camino

Para que sepas

Soy el invierno
Soy la tristeza caminando
Cuando escucho tu nombre
La nostalgia
Si una niña de barrio sonríe
Bajo la sombra ardiente
De los malinches floridos
Que trae brisa de tu boca roja
En las tardes retrasadas de julio
Soy la esperanza
Si imagino que han vuelto tus pasos
Cuando me llega tu sombra húmeda
Tras los aguaceros de mi calle
Soy tu recuerdo
Cuando nos cubre el negro
Y la escarcha del cielo
A través de los días

Rosas rojas de un desconocido

Rosas rojas de un desconocido
Aguardan al pie de la puerta de tu casa
Sopla el viento en la pradera
Acercando murmullo de amor
Como hoja apasionada
A tu indolencia de mujer
Llevando un beso blanco
Que entrega la nevada en la colina

Roto el umbral de la nostalgia

Roto el umbral de la nostalgia
Por el ardor de tu nombre
Que impertinente
Se muestra constante
A pesar de la lluvia del tiempo
Que todo lo lava
Y lo empuja a las aguas del olvido
Yo he vuelto a recordarte
A bañarme en tus ojos
Que crueles fijaron su mirada
Para sostener el adiós definitivo
Llevándose en su bolso viajero
El milagro y la promesa
De nuestra luna llena
Que con su ojo gris y plata
A la sombra de tu sombra
Se preguntó estupefacta
Por qué el amor a veces es

Un insensato
Así ocurrió con el asalto
De tu espectro
Cuando rompiste el cristal nublado
Y entraste al aposento de mi noche
A encontrar despojos
Vidrios rotos
Sueños en añicos
Y un amor que todavía llora
Mirando hacia el pasado
Asiendo el sendero
Desde donde hoy regresas
Roto el umbral de la nostalgia
Ha vuelto la poesía

Todo en tí

Los cerezos helados

Los colores del otoño

El azul lavanda

Su aroma su ternura

El rojo amapola

Todo en ti

Dibujando mi locura de amor

Locura bendita

Locura total

Vine a buscarte

Vine a buscarte
Para estar cerca de tí
Como la flor
Para que me tomes
Cuando se te antoje
Sólo tienes
Que apartar la espina

Visión de invierno

Apenas llegaba el invierno
Con su traje de lluvia
El trino de la nostalgia
Tendió su manto de melancolía
Como la nube que anuncia el aguacero
Su sombra esbelta y cautivante
Llegó hasta mí nuevamente
Con la misma sonrisa que bañaba
La luz de mis ojos
En los soles de abril
Como estrella derribada
Me habló tu nombre de sus cielos rotos
Y de un verano ido
Y volví a llorar… bajo la nubada.

A esa mujer que tiene miedo de amar

A esa mujer que tiene miedo de amar
Quiero ofrendarle un paseo
Bajo la tarde
De jacaranda en flor
Caminar sobre alfombra de lavanda mullida
Y al abrigo de sus flores malvas
Regalarle mis más ciertas promesas
Asir sus manos
Ante nuestros besos
Musitar juntos la música
El rumor y la poesía
Y ante la escolta fiel
De nuestras sombras
Pedir a esa jacaranda que nos trae
El arrullo de lejanas golondrinas
Que conmueva los ojos impasibles
De esa niña que vive su abandono
Que su terciopelo lila

La atrape en el ensueño
Y nos una para siempre
¡La sombra azul de su sino de mayo!

A sorbos mi café

Me gusta sentarme
Observarte
Mientras atiendes una mesa y otra
A sorbos
Mi café y su humareda
Te desnuda el alma
Y mis ojos se delatan
Ante la estatua moviente
Tras tus pasos
Remolino de quimeras

Se fue con la tarde

Se fue con la tarde

Con la esperanza en los labios

Y me dejó la pesadumbre

Tristeza de invierno

Tendida como la agonía de las hojas

Que caen en otoño

Ella esperaba el poema

Ella esperaba el poema
La palabra de amor
Aguardaba en silencio
El milagro
La lluvia
La rosa roja
La música
El rumor
El eco apasionado
Y la noche
Ella esperaba el poema
Y escuchó su nombre
Que gritó el poeta

II PORTAL DEL OLVIDO

Caían las hojas muertas,

En el jardín silencioso,

Y en el aire erraba aún

Un perfume de heliotropos.

Juan Ramón Jiménez

Ella fue ilusión

Ella fue ilusión
A la que me acerqué a tientas
Para no despertar al amor
Ese irreflexivo del que huímos
Antes de llegar la lluvia
Fue ella como un sueño
Inconcluso
Latente
Recurrente

Como un árbol solitario en la pradera

Como un árbol solitario en la pradera

Como un lucero adelantado en el infinito

Como una gota de lluvia en el verano

Así era yo cuando te fuiste

Insinuación que la vida ofrece

Para olvidar

Para olvidar
Para borrar tu nombre
Tu cara
Tu cuerpo
Tu memoria
Recorreré el camino
De otra carne ajena
Sembraré en ella
Las olas del silencio
Del despecho
De la ausencia
Andaré un sendero
Parecido
A la febril vereda
Que llevaba
A la gruta de la noche y del suspiro
Y ya ahí a tientas

Recordaré tus sobresaltos
Tus llantos
Tus temblores
Tus plegarias
Oiré de nuevo
El torrente de la sangre
Río abajo
Río arriba
Peregrino en fuga
Perdido en el misterio
Después del largo exceso
Junto al efímero suspiro
Sembraré el olvido y el dolor
En un nuevo pebetero

Siempre estarás presente en mi carne

Siempre estarás presente en mi carne
Como cicatriz indeleble
Noche de primavera al trasluz de mi ventana
Polen nocturnal
Para mis desvelos

Si escribí nuestra historia

Si escribí nuestra historia
Fue sólo para ti
Para que la tengas a mano
Cuando la noche
Te recuerde sombras
Soledades
Cada vez que la nostalgia
Llene de frío tu alma

No mataré tu recuerdo

No mataré tu recuerdo

No dejaré en la nada

Aquellos besos

Ni aquella sonrisa

Ni tu mirada

Ni aquella voz cuando dijiste

Que el resto de tu vida

Nos pertenecía

Aunque hayas mentido

Hago el mismo vuelo

Hago el mismo vuelo
Y tu ausencia es más ancha
Que el asiento de primera
La nave surca el vacío
Alimenta ansiedades
Va pariendo sonrisas
Abrazos y deleites
Mientras el tiempo para mí
Se estira hasta el hastío

La vida no es lo que tu ves

La vida no es lo que tú ves
Lo dijo Víctor Molev
Quizás sea mejor
Como te la pintaron
Figuras
Flores
Hojas
Pájaros en vuelo
Mariposas
Tienes que descifrarla
Al soñar
Para verla
Cuando despiertes

Mis manos como raíces

Mis manos como raíces

Asieron la tierra fértil

De tu cuerpo arcilloso

Moldeando la tristeza

La ausencia y el abandono

De otros dolores ingratos

Trocando la tarde ardiente

En lluvia

Fruto

Y vendimia

Pienso en ti

Lleno de tristeza

Lleno de recuerdos

Y de soledad

Lleno de noche

Y de oscuridad

Lleno de luna

Lleno de vacío

Pienso en ti

Por la ventana del avión

Por la ventana del avión
Flotando en la distancia
Entre el negro océano
De la eterna noche
Blanca luna colgaba
Como un globo blanco
De un blanco recuerdo
Por más distancia devorada
Estaba ahí
Como tu nombre en los balcones
Cuando mis pupilas lloran

Tu ausencia es más fría

New York 37 grados

Los Ángeles 52

Managua 82

No sé dónde tú estés

Gitana mía de mis amores

Tu ausencia es más fría

Que toda la soledad del mundo

Tú ya no lo recuerdas

Tú ya no lo recuerdas
Pero entonces
Todo tu cuerpo se estremecía
Como convulsiona el centro de un volcán
Ante el estremecimiento colosal
Como amante a la antigua usanza
Mi corazón extirpó el antojo de tus entrañas

Y hay quienes reclaman

Y hay quienes reclaman
Que todo verso mío
Es una plática contigo
Un lamento una congoja
Una pena una esperanza
Y vos que no lees ni una línea
Ni la del horizonte

Y profana la luna

Y profana la luna
Bailaba lúdica su danza prohibida
Al compás del aire
Que en péndulos voraces
Nos traía su sombra
Aquella noche eterna de septiembre
Yo jugaba con el viento que giraba
Y giraba solitario
Levantándole hojas de otoño
A mis recuerdos

No fue mi culpa

No fue mi culpa
Llevar el llanto hasta tu fuente
Es un dolor compartido
El llorar por ella
Tú la viste primero
Yo la tuve después
Y nos confundimos
Tú con tu lecho de rosas
Yo con mi deseo de espinas
Y ella se fue como la lluvia
Dejando lágrimas en el verano

Tú empezaste mi noche

De tantos dolores retenidos
Yo hubiera querido
Que vivieras tus sueños
Dentro de un corazón grabado
En un pupitre de mis amores tiernos
Pero ya ves
Tú empezaste mi noche
Bajando cortinas
Una tarde en primavera

Viento de invierno

Como un lejano aroma
De sándalo y violeta
Me llega aquel recuerdo
De la empinadura
De tus pechos
Abiertos como lirios
Al soplo de mis labios
Con sus fuentes blancas
De miel y dulzura
Me llega de tu risa
El rumor del río
De perla y de cristal
Y el balbuceo ardiente
De tu boca audaz
De sueños carmesíes
De rojos desenfrenos
Viento de invierno
Que arrastra la nostalgia

Aquel amor se fue

Aquel amor se fue
Siguiendo la prisa
De otros idos
Se hundió
En el negro del olvido
En la raya de la distancia
Salvando el horizonte
Como quien salta una cuerda
Y cae al otro lado flotando
En la burbuja del abandono
Se fue dejando destellos
Como los puntos brillantes
Que deja en suspenso
El paso vertiginoso
De una estrella fugaz
Se fue como galaxia
Dejando luz en su nombre

Lo más triste de nuestro adiós

Lo más triste de nuestro adiós

No fue verte marchar como la noche

Fue mi sombra

Llorando tras tus pasos

III CUANDO TE ARREPIENTAS DEL AYER

Es una lástima que no estés conmigo

Cuando miro el reloj y son las seis.

Podrías acercarte de sorpresa

  Y decirme "Qué tal?" y quedaríamos

Yo con la mancha roja de tus labios

Tú con el tizne azul de mi carbónica.

Mario Benedetti

Cuando te arrepientas del ayer

Cuando te arrepientas del ayer
Como advirtió Quevedo a Flora
Y el dolor y la sombra
Visiten tu refugio
La soledad se vestirá
Con el consuelo amigo
De los versos míos
Que encierran los secretos
Que guarda con recelo
Del mar
El caracol

Si te vas

Si te vas
Decirte adiós
Y alzar mi sombra
Que rondaba por tus pasos
Igual que el vuelo las gaviotas
En la playa
Dejarte libre
Como la noche por el cielo
En sus senderos
Que quede en ti la nada

Fotografía en el horizonte

Suave brisa
De tu rostro abriéndose
Entre nimbos de nostalgia
Me ilumina el marrón de tu mirada
Tu cuerpo
Me abrasa bajo la danza ardiente
De nuestras ansias desesperadas
Y yo me angustio
Recordando tu partida
Que no termina de alejarse
Fotografía en el horizonte

Un día te marchaste

Ahora te recuerdo
Para siempre
Como si nunca te hubiera olvidado
Como si jamás hubiera
Olvidado
Que un día
Te marchaste
Haciéndome olvidar
Que yo existía
Que siempre fui más que pasos
Tras una sombra

Y qué hubiera sido

Y qué hubiera sido de la vida nuestra
Si no hubiéramos tenido aquel encuentro
Si tú no hubieras buscado en la piedad consuelo
Y no hubieras llegado de mis mares al confín
Dame la respuesta sin olvidar nuestros derroches
Tus delirios tus desmayos tus excesos
Tus remilgos mis urgencias nuestros besos
Tus desvelos tus gemidos
Nuestras noches

Cuando menos pensé

Cuando menos pensé
Ya pasaba la hora dispuesta
Consumido el vino
Que acompaña al que espera
Cuando ya el tiempo
Contaba otro abandono
Ella apareció
Aparecida
Como un regalo
Natural
Lluvia súbita
Para mi estío
Fue ella

Hay un recodo en Pochomil

Hay un recodo en Pochomil
Donde las olas llegan
Crepitan altaneras
Y lloran soledad después
Donde las caracolas se refugian
Más allá del rumor eterno
Antes de la bulla marina
Que alborota el eco
De la nota rocallosa
Ahí dejé guardado tu nombre
Y tu recuerdo

Escombros sobre la playa

No volverás a ser
La de entonces
Aunque regresen las olas complacientes
Revolviéndolo todo
Y vuelvan las golondrinas
Con el brillo de tu ojos acechantes
No tendrá la misma transparencia el día
No vendrá el mismo otoño
Ni llegará el invierno con su blanca brisa
A juntarnos en la llama
Siempre la nostalgia mira hacia atrás
Pasó el huracán de los ensueños
Hay escombros en la playa

Los que se fueron

Te vas

Tu camino

Ya no es el nuestro

Y yo me quedo aquí

Donde no podrás regresar

Perdida en la noche

Que se abre en cada paso que te aleja

Quizás habrá otro encuentro

En otros rumbos otras nubes otros cielos

El juego de la vida es siempre cruel

Y algo haremos para entonces

Podrás voltear la cara sacudiendo el pelo

Continuar tu marcha

Sonreír agitar tu mano y saludar

Yo guardaría silencio

Como guardo las cosas compartidas

Con las que el mundo se quedó chiquito

Porque yo habitaba en ti para vivir
La vida habitaba en ti
Pasó el tiempo en que jugábamos con la luna
Como una pompa de jabón
Cuando nuestra cama
Era un desorden de sueños revolcados
Ánfora donde mezclamos nuestro vino
Y nuestra sangre palpitante
Las horas que quisimos retener
Como agua primaveral en nuestras manos
El tiempo de reencuentro volverá
Y uno de los dos verá su obra
Verá la sombra verá el espectro
En los fragmentos del espejo
Verá la nada
Y nuevamente torcerá el camino
Volverá la lluvia
Las mariposas
Las violetas

Volverá todo

Menos nosotros

Los que se fueron

Para no volver

Se fue con el día

Ella me entregó
Todo lo que una mujer regala
Cuando el deseo se resbala
Por los poros de la vida
Me dio su prisa y su abandono
Todo lo que fue su furor
Su boca
Sus besos mojados
Sus ojos
Su mirada
La pasión de sus pupilas
Me dio el ritmo acompasado
Sus aguas agitadas
Sus palabras urgentes
Su torrente inmortal
Su embriagante grito triunfal
Y la paz
Ese divino lecho

Donde arrulló mi cuerpo
Mis besos tiernos y mi ansiedad
¡Y hasta dijo que me amaba!
Después a la mañana
Como se van los suspiros
Pasado el milagro del vino
Y de su embrujo rojo
De sangre
Escarlata y carmesí
Se fue con el día
Para nunca volver

También a mí

Las hojas secas
Que ruedan por las calles
Olvidadas y amarillas
Confundidas
Perdidas
En busca de mañana y primavera
Me recuerdan nuestro amor
También ellas tienen alma
También ellas lloran
También ellas como yo
Todo lo guardan en una esquina
En un rincón
En un vértice de la pupila
Con que mira el corazón

El sarro de los años

El sarro de los años botan tus hojas

Llenas de lágrimas y mieles idas

Como lloran las casas viejas y abandonadas

Sus gotas de nostalgia en los tejados

Sin que lo sepas

Trashumante mísera de amores

Retazos de soledad

He venido siguiendo
Las piedras que dejé en la vereda
Para no perder el camino de regreso
Y hallarte cuando sea el tiempo
De que canten las cigarras bajo el nuevo sol
…
Después de llevar tu amor
Como bandera de todos mis vientos
Ondeando gallardo los recuerdos
Apareció insinuado nuevamente
Tu nombre en mi horizonte
Yo que fui el pionero de tus besos
De tu boca donde establecí mis sueños
Lo he abrazado como golondrina tardía
…

Treinta años y nuevamente la vi
Los recuerdos como moscas dulces
Se posaban en la mesa
De aquella noche que regresaba
...
Ella vaga sola
Por las calles de New York
Yo la recuerdo en soledad
Aquí en Managua
...
Ya no me esperan las aráceas
Nuestro árbol ya no existe
¿Recuerdas que a su sombra
Se durmió tu paciencia
Entre mis brazos?

En la sombra de la nostalgia

Todo hombre tiene su día
Lágrimas que alguien
Manará por él
Dolor sincero
Que inspiramos
Todo hombre tiene su cruz
Herencia divina de los elegidos
Los que aman
Los que sufren
Tienen una historia para vivir
Yo viví contigo la nuestra
La que ahora seguiré viviendo
En la sombra de la nostalgia
Sin tu nombre
Sin tu voz

Filos de amor

Yo conocí a una princesa
En desvelos de media noche
Sus sandalias olvidadas
Fueron la luz para encontrarla
Camina en ella
Las noches extrañadas
Las sábanas olvidadas
Los besos desairados impacientes
El fuego que el invierno añora
Todo lo que no era
…
Mi amigo
Róger Pérez de la Rocha
Quiere un verso
Que le quede trapeceando

Como rasgo de cuerda de guitarra
Un verso para recordar —dice—
En sus palabras
Un verso para no olvidarlo jamás
Como sus pinturas eróticas
Constantes a cada instante
Que resuene
Como rumor de caracola
Como retumbo de agua
En los acantilados
Ah, Róger
Como si fuera fácil
El eco de los amores idos
Pero voy a intentarlo
Porque sé que a ti te gustan
Los amores inviolables
Esos que tienes que llamar
Insistente

Como brisa persistente
Que moja el alma
Esos que se duelen
Con tu impaciencia
Que giran para siempre
A golpe de paleta
Y que gritan y repiten
El acércate más
Róger, un, dos, tres
Y el poema fue
…
Ya no eres tú
Por quien escribo
Ni en quien encuentro
Refugio en esta vida

…

Te acepto el beso

El abrazo

Y la entrega que nunca volverá

Porque nunca vuelve

Lo que no ha sido

Ni será

Lo que no fue

…

Yo quiero la vida junto a ti

Y tu apenas sabes dar insinuaciones

Apenas luz

Apenas sol

Apenas lluvia

Apenas nada

…

Amo el espacio que dejas
Cuando te ausentas
Y en el imagino
El mejor poema de amor
A tu regreso

…

Con estos versos
Quiero llamarte a nuestra historia
Ya que con mis besos
No pude alejar tu olvido
A pesar que mojaron tu camino
Pero la lluvia no es para ti
Y hoy sólo quiero
Dictarte mis pesares
Y mis conclusiones
En tiempo de despedida

IV PEREGRINO EN FUGA

¡Ser, y no ser más nosotros!...

¡Oh, leones nacidos en la jaula!...

Fernando Pessoa

Hojarasca crujiente

(A Julio Cabrales)

Aquí en tu barrio
En el barrio San Luis
Respirando pobreza
Aire común en nuestra tierra
Vives todavía amigo poeta
Todos los poetas somos amigos
Aquí a tu mundo vengo
A estar contigo
¡Por tu salud hermano!
Hacedor de palabra
Compañero del abandono
Te veo tan alto
Como la esperanza
Como una ola encrespada
Erguida calma transparente

Antes del segundo tumultuoso
Hacia la playa
Vengo a visitarte para recordarte
Visionario perdido encontrado
Ayer jugabas en España
Dejando un bolero inconcluso
Haciendo muecas
Y cazando hojas
Como copos de nieve en la ventisca
Empujado por ese ángel
Que acosaba
Tu algarabía de eterno soñador
Hoy deambulas
Como los sueños perdidos
Como aquella carta a tu madre
Añorando Managua
Donde nos dijiste que amabas
Diciembre en Madrid
A pesar de su tristeza de hojarasca crujiente

Y barrenderos a la madrugada
De luces ensoñadoras y frutas ajenas
En esa tu inquietud de siempre
Niño hombre
Ángel peregrino
Te sabías de memoria la felicidad
Pero se te fue de las manos
Te abandonó sin razón
Callada
Sin despedirse
Como se van las mujeres que nos dejan de amar
Y una mujer lo es todo dijiste
Pero yo te encontré
O lo digo mejor
La vida nos juntó
Siempre junta anhelos la vida
Como se acompañan
Las hojas muertas
Por las esquinas

En las tardes de otoño
Y nos dimos la mano
En un encuentro de inviernos distintos
Llenos de lluvia y soledad
Hurgué en ti
Y quise ver tu estrella
Porque tú también tienes la tuya
(Solo Vatzlav Nijinsky no tuvo)
Como David o como Cristo
Y vi que eras hijo de la noche
Vestido con siluetas de cometas rutilantes
Viviendo lejos más allá de la luna
Junto a un poste de luz sideral
Cultivando callados versos
Regalando la tristeza
Siguiendo el camino
De un pastor celestial
Bailando a caballito
Elegante vibrante palpitante

Irredento mal hablado lacerante
Con tus símiles criollos punzantes
Fulgurante como el Espectro de la rosa
Viajando incoherentemente sobrio en ómnibus
Mientras el fantasma que va a ser de ti y de mí
Se queda entre nosotros
Porque tú no huyes como los pájaros
Cuando se acerca un extraño
Poeta amigo
Aquí en Managua en el barrio San Luis
Donde vine a encontrarte

La vida

Ese alegre remar hacia la muerte
Ese árbol de cosecha fatal
Y de adornos intensos
Pasión desbordada
Y sangre desbocada
Hacia el abismo de la eternidad
Larga travesía hacia el ocaso
Dejando nuestras huellas
Por si se nos ocurre regresar
A los tres días o en el Juicio Final

Tiempo

Tiempo

¿Dónde estamos tu y yo?

En adelante

Sólo tendremos recuerdos

Sólo seremos nostalgia

Alfonso Cortés

Una noche dicen
Un día de tantos
Se fue la conciencia
Como una golondrina
Dejó la esperanza
Llevaba en sus alas
Cautivos los sueños
Agonía de bardo
Malabareando en el aire
El poeta es amor
Y el amor es locura
Y es libertad tras la reja
Es intersticio
Cielo y espacio
Y es océano
Lo supo Alfonsina
La ninfa del verbo
Su sonatina marina

Fue un abrazo eterno
Al desamor ingrato
Un despecho de caracolas
Batir de alas bajo las olas
Jolgorio de algas
Viento rebelde en octubre
Y así a ti
Te llegó Alfonso
Un trozo de azul
Una noche en que el vino
Llenaba tu alma de abandono
Y la alondra divina te hablaba
De una mujer insospechada
Desplazada en la bohemia
De tu canto peregrino
Apóstata
De alucinación y delirio
Fue así para siempre
El resto de tu vida ingrata

Atado y preso
En las praderas indómitas
De la indocilidad
Sin luz sin voz sin reposo
La noche te amaba
¡Oh, Poeta!
Sutil ruiseñor
Señor de díscolos
Y de nostalgias
Forjador de estrellas
De melancolías
Tus ojos de cielo
Dormían el día y el detalle
Y la carne celeste
De blanca energía
Y fue otra noche
Llegó la paz
Y te abrazó
Como abraza la sombra

Angelical

Se desprendió la ventana

¡Y te bebiste el azur!

Tu urgencia de mediodía

Retorciéndote desde el alma

Hasta los huesos

Alzando la voz desde la boca

Hasta la sangre

Húmeda de ilusiones

Y de ensueños

Húmeda de rabia y deseos

Caminando

Golpeando

Sujetando con la prisa

Los segundos

Llegando

Alcanzando

Delirando

Amando

Tu urgencia de mediodía

Eva Cooper es la ternura

Eva Cooper
Es la ternura apacible
La dulzura de sus ojos
Es un reflejo de alegría morena
Hija de Eva Hebbert
Una hermosa negra en Pearl Lagoon
Que el otoño persigue
Hay arrugas en su alma
Emociones en su cuerpo
El amor la azotó como ciclón
Ahora Eva Cooper
La niña de apenas dos años
Ha tomado el paraíso en su futuro
Sus ojos no tienen miedo
Ella es feliz
Nacida en primavera
El propio Día de las Madres
Ella abrirá las puertas de la lluvia

Y amará obedeciendo su destino
Su cuerpo será algún día huracán
Flamígero abrazo
Tempestuoso apaciento
Porque Eva Cooper es la ternura
En su pecho se abriga
La esperanza de su núbil vientre
Ella es una niña
Una tierna niña
Eva Cooper
La vida te espera
En Pearl Lagoon
Donde el mundo vive suspenso
Eva Cooper yo te amo
Niña dulce y serena
Que no viva en ti la prisa
No vayas a llorar
Crecerás después
Retén entre tus manos

Las olas mansas
El tenue suspiro
El viento suave
De tu noble mirada
Disfruta los cuentos de piratas
De hadas negras
Generosas y buenas
Las historias de naufragios
De tesoros ocultos
Al final del arco iris
Los juegos infantiles
Las ilusiones
La luna que flota
En la marea

Fe de errata

Vuelvo

Porque te quiero

Peregrino y Quijote

Soy sencillamente así

Peregrino y Quijote

Náufrago en el viento

Me dejo llevar

Por los suspiros de libertad

Que guardan los pájaros en vuelo

Noche de amor

Noche de amor
Bajo el collar disperso
De las estrellas
Sin secretos
Ni espacios vacíos
Fue la noche aquella
De luciérnagas en Masatepe

Confesión

La noche en mis ojos
El silencio en su fuga
Abril fantoche taciturno
Abismo
Flores marchitas
Mariposa sin muda
Luna callada
Canción al vacío
¡Vos no estás!

Escribo de tu amor

Yo escribo de tu amor

Recuerdos

Que vienen y van como gaviotas

Y me encuentro tu nombre por la playa

Jugando como pie de adolescente en la arena

Entonces vuelvo a ser el náufrago

Que caza mariposas

Sobre este poema para ti

No

Rotundamente no

Este poema no sobresaldrá

Ni será reseña en las salas de redacción

Pero tu nombre entró como sombra

En la noche de mi alma

Ocupó el espacio de mi soledad

Y habló

Te lo entrego

Tú lo guardarás contigo

Escucharás tu voz

Cuando te sientas sola

Carta a la francesa

(Letanía en tres cantos)

En ella no recurrí a la nostalgia
De sueños truncados por crueles distancias
Nunca recogí retazos de sombras
La amé como se ama a la mujer ideal
Y la perdí a la hora y al minuto puntual
Las calles de París no me hicieron llorar
Ni el Arco del Triunfo ni Les Champs-Ëlisées
Ni Montmartre ni el Barrio Latino
Ni las noches de ensueño ni la extraña bohemia
Anidaron en mi alma para hacerme sufrir
Ella francesa de dorados cabellos
Vino a mí como vienen los veranos intensos
Ardientes de fuego y sonrisa
Sacudiendo su cuerpo como al viento la espiga
A mecerse en mi vientre y a gritar con el mar
Eran ojos de azur su mirada de cielo

El carmín de su boca arrebol de mis besos
La noche sus gemidos y su prisa la urgencia
Por aquella armonía que supimos brindar
Y cuando ella partió a sus puertos natales
Se marchó con la lluvia y la luna de abril
A mojar para siempre su febril soledad

Decires de ella

Ella
Me hablaba de sus cosas
De su Francia
De París
Sus entuertos y fascinaciones
De su vino
Su champaña
De la noche misteriosa
Que se hizo al amor
De su vida y sus andares
Y yo
La miraba ensimismado
Recorriendo como el Sena
Emociones
Me extasiaban sus caderas
Sus contornos
Sus labios mojados con el beso del café
Y aquel aire de su voz

Mientras

El tiempo

Se marchaba

Como noche abandonada

En el abandono que dejó al partir

Para siempre

Despedida a mi amor francés

Cuando ella me hablaba
De los puentes del Sena
Y los misterios parisinos
Yo volaba audaz
Quimérico
Cósmico
Hacia dentro de ella
Más allá del pensamiento
Procurándome ansias
Recovecos de amor
Danza de sombras
Ella reía cristalina
Como la alegría
Ondulaba
Flotaba
Se cimbraba imperial
Como una palmera

Danzando coqueta

Intrépida frente al mar

Mientras yo

Volvía a escucharla

Y era toda en ella mi mundo su luz.

V DE EL TORTUGUERO A WAPÍ

Tierra mía sin nombre, sin América...

Pablo Neruda

De El Tortuguero a Wapí

Bajo la antojadiza
Trocha rebelde
Que se va abriendo
La camisa verde
Del paisaje
Al principio
Algunas palmas
Se muestran
Garzas esmeraldas
Inmersas en el silencio
De la nostalgia exuberante
Hay tiempo
Para llorar junto al oriundo
Y enjuagar el llanto
En los vados aún húmedos
De esos ríos que se fueron
Junto a los venados

Y los tigrillos
Saltando alarmados
Dejando su rumor de alerta
Y abandono
Llevándose el amor
Junto a su suelto pelo
Que se arrastra
En medio de la sinuosa soledad
Y al tomar La Ruta
Ese camión que carga frustraciones
Te pregunta junto a la cobradora
Descambiame este billete
Y la arboleda ausente
Exiliada como nuestros indocumentados
De California
Descambiame la realidad
Descambiame este mundo
Uno que otro sobreviviente
Náufrago en las alturas

Se eleva ofreciendo al cielo su follaje
Recordando la angustia
De su familia derrumbada
Caída y trastocada
Lanzando un S.O.S.
Como esos cocoteros
Inclinados en las riberas
Extendiendo su mano ansiosa
Tratando de retener la despedida
Del amante que se va
O el cayuco que se aleja
Su grito desesperado
Arropando en su cuenco
Una sonrisa que consuela
Una falsa promesa
De rápido regreso
De El Tortuguero a Wapí
La aurora que te trae
Las nubes y el viento cálido

Descambiando realidad

Y tú

Nicaragua

Mi camino

El malinche

Sus flores rojas
Son besos en racimos que mece el viento
Ternura y fuego
En el mes de mayo
Bajo su sombra encendida
Revolotea
El alma enamorada

Buena siega

En el profundo vientre de la tierra
Tuyo y mío
Sembraremos el amor
Que germine en tus entrañas
El grito de la vida
Vino de tus ansias
Sólo entonces
Miraremos buena siega

Herido

Herido
Abatido por dolor
De evidente desengaño
Busqué el consuelo en el silencio
De la soledad que me esperaba
Y llegué a ti
Donde el destino
Como una lluvia inesperada
Me vertió
Y fuimos invierno
Y fuimos vendimia

Me visitó el olor a cereza

Esta mañana
Vientos pretéritos sacudieron el follaje
Y han caído
Tu sonrisa y tu aroma a guayaba
A jazmín
Mojando mi sangre
Como tus besos de entonces
A la sombra de los pinos y abedules

Ante el deseo ajeno

Yo sé que hay quienes
Codician tu cuerpo
La armonía sensual
De tus movimientos
El misterio que tu vientre insinúa
La granada florida
De tus labios en rojo
La luz negra de tus ojos de noche
La balada de amor que tu voz ofrenda
Todo el fuego que imaginan
Guarda la lumbre de tu piel morena
Yo sé cómo te sueñan
La acometida de sangre
Que provocas
Y el ensueño que causas
Mientras ellos desesperan
Del celo que provocas

Yo te jalo quedamente
Y empezamos a mover el tiempo
Remando acompasados
Sobre aguas que se agitan
Luciérnagas celestes
En luna alcahueta

Aquel día

Aquel día

En que los mangos se sonrojaron

Con su arrebol de tarde veraniega

Me guardé tu nombre para el futuro

Con su aroma de promesas

Ha vuelto tu recuerdo

Hoy ha vuelto tu recuerdo
Como hojas que el cierzo
Eleva en procesión
Me ha sonreído
Como el espejo al ayer
Volvieron tus besos
Sabor a leche temprana
Tu boca jugosa
De manzana y vino primerizo
Volvió tu sonrisa
La lluvia de mayo en tu vientre
Como el marino ávido tiro mi red al pasado
Para atrapar con ella la pesca del amor
Llega tu voz de peregrino errante
A traerme ecos de abril
Viene tu recuerdo
Trae juventud
Estrellas y pretérito horizonte
Gemidos en la madrugada

Y agua de río que aún corre
Inmutable hacia la mar

Vivo en tu mirada

Vivo en tu mirada
De cielo pintado en miel
Con tu misterio
De mujer y de promesa
Grabada en la noche de mi vida
Serenamente perenne
Como la lluvia en el verdor
Como la albahaca
Sobre la brisa
Vivo en tus besos
Como la ola sobre la playa
Llena de rumor y de certeza
Como la melancolía en su tarde
Bañada de incienso
Vivo en tu sonrisa
En tu nombre y tu soledad
Sin mí

Sin ti

Como el tiempo en el espacio

Inacabable

Inagotable

¡Vivo en ti!

La historia de mi amor por ella

La historia de mi amor por ella
Se escribe con palabras de uso diario
Con caricias cotidianas
Con rosas de calendario
Entre ruidos y bochornos
De ciudades y autopistas
Entre prisa y aeropuertos
Puentes
Puertas y posadas
Y momentos oportunos

La mejor poesía

La mejor poesía
Aún no está escrita
Pero tú puedes
Hacer el milagro
Constante
Está en tu pelo…
Esa cascada rebelde
De noches
Y misterios
Está en tus ojos marrones…
En tu luz de primavera
Por encima de los bombillos eléctricos
Y los botones computarizados
Bajo tu eternal aurora
Está en tu boca…
Ese corazón mojado
De néctares y labios
Hueco de guitarra
De quedos y gemidos

De gritos y clamores
De acordes y de claves
Está en tu cuello
Enigma
Y cisne de mil preguntas
Recodo hacia la playa
Donde los besos serpentean
En la vereda de tus pechos…
Abrevadero de mis afanes
Vía Láctea de mi universo
Esta ahí
Camino abajo
En tu ombligo
Botón de mil opciones
Oasis en el que regodeo
Mis rimas y mis versos
En busca de la canción ideal
En ese purgatorio donde redimo
Las noches y el tiempo perdido

En otro extravío
Mientras espero y desespero
Continuar en la andadura
Está en el mar de tus entrañas
Mar de mares
Océano inmortal
Donde volvemos
A rehacer el universo
A nuestro modo
A tus caprichos
A tus antojos
Está en tus piernas
Gradas del delirio
Que me invitan al respiro
Y al refugio
Mariposas que se abren
Como arco iris
Al filo de la media noche
Prometiendo nueva patria

En tu voz
Murmullo de quebrada
Y de fontana
En el milagro de su eco
Acompasado y cadencioso
Que repite como el viento
Arrullos y susurros
La mejor poesía
Viene con tu nombre
Tú haces el milagro
Lucía

Lluvia

Lluvia tus besos mojados
Tu lengua húmeda
Tus ojos brisando
Las cascadas de tus palabras
El temporal de tus entrañas
Lluvia tu nombre
El sudor de tu piel
Tu cuerpo cabalgando mi cuerpo
Tu manantial
Tu diluvio de amor

Poentagotas

Cuando no pueda llamarte
El celular será invento inútil
...
Cuánto te amé
En ese segundo hacia el olvido
Allí aprendí a quererte
Más allá de la piel
...
Nuestro caminar
Por la calle Kalakahua
Bajo la brisa vespertina
De Honolulu
La tengo tan presente
Como la tarde gris de aquel adiós
Aquella vez de marzo
En una nos besaban los ensueños

En la otra se cerraban
Como puerta de cantina
…
Volando sobre mi patria
De regreso
Mi amor se alzaba más alto
Que el majestuoso Momotombo
…
Eterna como la muerte
Que nos lleva a la eternidad
La melancolía
Sin tu presencia
…
Ante mi soledad
Fui creciendo
Como un caracol que asciende
Bajo la sombra mojada
Del vasto rumor del mar

…

Bajo la brasa ardiente de tu cuerpo

El chisporroteo del amor

…

El recuerdo

Nuestro espejo

Nuestra sombra

Dolor peregrino

…

Duda en la penumbra

La más cruel

La más fiel

…

Y en la encrucijada

A veces el recuerdo

Es bálsamo

A veces

Espina

…

Cualquier día es triste
Cuando llega en el viento
Tu recuerdo olvidado

…

Era tiempo de amar
Tarde de la rosa
Del jazmín
Del clavel y la azucena
De violeta y oropel
Y te amé como lo hacen
Las hojas del otoño
Igual que la cigarra al sol
Como captura el marino
La marea y el azul

…

No me robes el pasado
Que es el eco
Donde el viento
Canta libertad

VI OTREDAD Y PRIMAVERA

Tal si fuese escultor con amor cincelara…

Rubén Darío

Otredad

En ti se quedaron las palabras
Guardadas bajo mi almohada
El tiempo que te di
Mis horas de soledad
Cuando ausente cabalgabas
En los segundos sin fin
La lluvia de amor inagotable
Que en cántaros caía al son de los gemidos
Todo se guardó en ti como las hojas mojadas
Que arrastran al viento
Hacia el cuenco donde hará
Poesía la otredad
Porque tú estarás siempre
Oportunamente inoportuna
Como la despedida

Salpicado de viento y sal

Salpicado de viento y de sal

Cruzando Pearls Lagoon

Besando sus gemas saltarinas

Agitadas por la brisa

Coqueteaba tu reflejo

En la lejanía

Caño Wilson apacible

Escurría mi ansiedad

En la soledad

Entre el silencio de la tarde

Del paraje y del verdor

Pensé en ti

Cuando el rumor del mar
Cantó su melodía
Comenzaron a danzar
Tu sonrisa y tu silueta
Tus temblores y tu andar
Pasó el fulgor de tus ojos café
Tantos besos que guardamos
Cuando la luna aún no era nuestra
Una bachata de ternura
Danzamos entre aplausos de palmeras
Abanicos de cocoteros
Agitaban tu pelo negro
Vibrante de libertad
El sol quemaba lágrimas
Por los recodos de esmeralda
Que el río regalaba

Orgullosas blancas garzas

Devolvían tu elegancia

Tu andar acompasado

Y tu inefable exquisitez

Y fue cuando en la acuarela

De la sombra y del ayer

Como un puente en la distancia

Se tensaba la ilusión

Me pregunté:

Dónde andará

Danza de amor

Un hombre y una mujer
Labrando poesía
Al vaivén de los segundos
Suenan los tambores
Palpita el corazón
Y su fiebre de sangre
Su ritmo de samba loca
Sacude las palmeras
El paraíso en su danza se repite
Bailando alrededor de la manzana
La vida prosiguiendo
Aguijones y rumores en la carne

Oscuridad colorida

La oscuridad
Colorida fruta
Roja sandía
Pitahaya granada
Naranja
Mandarina melón
Blanca manzana
Verde limón
Negro azul
Púrpura uva
Color frutado
Frutas oscuras
Las frutas en tu cuerpo
Tu cuerpo en oscuridad
El camino profundo
La vida
Yo en tu sendero
Y la noche tomando color
En el arrebol de tu carne

Para mi la vida fue hoy

Para mí la vida fue hoy
Al brindarle mi poema
A tu nombre
Y hollar en tu cuerpo
Con mis besos
Depositando sueños
En el cuenco de tu ombligo
Ante el estremecimiento
De tu sangre fértil
Apasionada

Azul soledad

A través de un trozo azul
Como el azul de la ventana
Por donde volaba y escapaba
El alma libre de Alfonso
Se zambulle el alma mía
En busca de alas peregrinas
Para alzarme en vuelo
Prendido al pliegue de sus labios
Hacia el horizonte infinito
Y la veo
Se acerca a mi vida
Cada vez que me sumo
En esa telaraña de cielos virtuales
Y encuentro en ella
Todo lo que una mujer puede dar
De los pies hasta la frente
Ella es la respuesta

A mis ansias constantes
En sus ojos podría yo ver el destino
De mis pasos ciegos y mi largo camino
La mesa servida
La fruta la carne el manjar
Que tanto he deseado
Cuando la veo
Congelada en su sonrisa
Como una paloma iniciando el vuelo
Y su mirada alegre
Escrutando un punto en el vacío
La imagino feliz de hallar mi picardía
Cavilando fija
Por sus piernas de anhelos
Cantos
Deseos
Guías
Anclas en la noche
Rumbo en el día

Contenta de compartir el misterio
De su constante poesía
Apresada en su pelo
De un rubio afán
De una esperanza amarilla
Y me hundo en el mar de su verbo
Como se queda el zángano
Con el furor de la reina
Cuando muere de amor
De plenitud
De arrebato
De eternidad
Y cada vez que la quiero
Nuevamente tejer
Retener
Contemplar
Atrapar
Me dejo llevar

A ese libro de caras
Donde ella mi poetisa
Es soberbia
Soberana total
De mis ansias de juglar
De mi azul soledad

Como un áspid

Como un áspid que se inquieta de amor

Me levanto y crezco en ti

Cuando vuelvas a sentir

Cuando vuelvas a sentir
Los ardores del amor por mí
Y quieras mis ojos
Nuevamente escrutar
Háblame de la última vez
Que nos dimos todo
Verás caer la nieve
En el verano

Danza de siluetas

Tu cuerpo desdoblándose
Frente al espejo
Sinuosamente rítmico
En tanto voy poniendo
Mis perennes sueños
Sobre los caminos que señala
Tu mirada abandonada
Llueve luz sobre el azogue
Cuando el brillo de mis ojos
Escrutan de la ágil foto
Que contemplo embelesado
La comunión se hace cierta
En el rito final

Ella pasó

Ella pasó
La vieron otros
La vieron todos
Yo también la vi pasar
Eran sus ojos negros
Como la noche oscura
Como la sombra
Que se extiende en la lejanía
Cuando el sol se marcha
Su cuerpo contoneaba
Como una ola que se escapa
De altamar hacia la playa
Su sonrisa una promesa
De perla y caracola
De carmín y amapola
Su nombre no lo supe
Pero la vi pasar

Y esperaré por ti

Y esperaré por ti

Como cigarra a la primavera

Esa que escurre su eterna

Canción de amor

Poemas para ti

Quedan estos poemas para ti
Que me enseñaste el amor
Como un verbo constante
Me mojaste con tu lluvia
Me inundaste con tu luz
Y dejaste tu nombre como sombra
En mi camino

Me dejé su nombre

De esa mujer
Guardaré su nombre en el silencio
Como esconde la luna llena
Su misterio en el lado oculto
A flor de piel
Como rocío que moja
La fiesta de las flores
Vivirá su recuerdo
Como el rumor del mar

Negra de luna llena

Así quería yo
Amar la noche
Bajo la seda oscura
De tus anchas caderas
Y tu vientre moreno
Ante el rumor profundo
De tus susurros
Tus besos de terciopelo
De ansia roja
Y la tormenta canela
De tus pasiones
¡Oh! Torbellino caribeño
Ritmo de coco
Vértigo de conga
De huracán y de naufragio
A la sombra de tus promesas
En tus playas de cacao
Negra de luna llena

Cuando ya no estemos juntos

Cuando estés lejos
Cuando ya no estemos juntos
Todavía
El viento seguirá silbando
Recriminando las mismas paredes
De aquellas calles
Que nos conocieron
Asidos de la mano
Sujetando las sombras del futuro
Nuestros pasos serán otros
Y las hojas amontonadas
Estarán siempre ahí
Apiñadas junto a los recuerdos
Cuando estés lejos
Cuando no estés
Y yo vague por donde me lleve el olvido
El eco de nuestras palabras
Rondará como fantasma

Oculto entre mis poemas
Tu nombre sobresaltado
Se anunciará en la marea
En los portazos de las piedras
Y al embate de las olas
Cuando estés lejos para siempre
Yo estaré ahí
Entre tu ausencia

Manchado de otros besos en el alma

Ese tu amor enrevesado

Cuélgalo de la noche

A la orilla del camino aquel

Yo llegaré a rendirle mi olvido

De vez en vez

Bajo la luna llena

Manchado

De otros

Besos

En

El

Alma

Desconocida

Escondida
Entre el silencio de los ausentes
Entre la noche que se deshilacha
Entre ansiedad y bullicio
Vive ella
Mi desconocida
Perdida entre la sierpe urbana
Recogida entre las últimas hojas
Que este verano ha empujado
Al borde de su casa
Cuando la encontré
Asentí que era la elegida
Como quién entre las frutas
Escoge la más dulce
Y no me equivoqué
Lo supe cuando su primera sonrisa
Acompañó su mano fina
Al encuentro de nuestros dedos
Después vino todo

¿Quién puede detener la tormenta
en las tardes de invierno
de nuestra ciudad?
Sus palabras y las mías
Las nuestras
Y el ardor que inundaba nuestros cuerpos
Y el aguacero que siguió al relámpago
Y la noche esa gran cómplice
Que nos llevó a la conspiración de amor
Y su abrazo de higo
Profundo
Lácteo
Miel infinita
Y su frase
"Guarda mi nombre en tu sangre
Será raudal en tus venas"
Trópico
Brisa y tambor
¡Ay, desconocida!

El guiño de la luna negra

Por la vereda de la noche
Suspendida de los sueños
La luna negra reía
Con su mirada alegre
De niña mimada
Y me consolaba
Sombras en el espejo
Empañaba la lluvia
Como recuerdos que se agotan
Ante el constante agobio
De las horas
Congelado el dolor
Por tu ausencia presente
Las nubes pasaban
Con su danza lenta
De balada enamorada
Eterno vaivén
De soledad y abandono

Ella vivía de los recuerdos idos

Ella vivía de los recuerdos idos

Cuando el viento

Alborotó su piel

Agitó su sangre

Se abrieron otra vez los cauces

Se rompió el dique

Floreció de nuevo

El rojo del malinche

La noche de sus ojos

Su risa

Sus pasos

Volvieron a ser ríos

Ella

Toda ella

De nuevo huracán

Gloria en Pearls Lagoon

Las hojas amarillas
Pepitas de oro del paraíso
Son luces del alma enamorada
Del manglar abandonado
Estrellas doradas sobre el cielo verde
Las pangas bogando
Llevando caricias de amor
Y rumor de soledad para la amante ausente
Bajo el sereno canal tropical
El universo se refleja coqueto
Tu nombre
Gloria
Pajarea
Entre el azul intenso y la inmensidad
¡Cuántas canciones trae la brisa a la laguna!
¡Cuántos besos posa el viento sobre el río!
Cantos que llevaré a tu carne
Mientras tu cuerpo le roba luz a la luna llena

Bañándome tu sombra morena

Con su aurora oscura

De besos agua

De compás

De huracán

De naufragio

De luces y promesas

Nota marinera que evoca mi ansiedad

Bajo la mágica quietud

Que hoy

Gloria

Cobija a Pearl Lagoon

Hay un amor

Hay un amor
Que te llama
Que te busca
Que te sigue
Como el viento
En la sabana
Como las nubes
Al horizonte
Como la sombra
A la soledad
Hay un amor
Abandonado
Olvidado
Declarado
Que te espera
Resignado
Como el vacío
Pletórico

Como la esperanza
Confiado
Como tu media sonrisa
Cierto
Inexorable
Hay un amor
Tuyo
Sólo tuyo
Como tu orgullo
Como mis ojos
Está esperando
Al doblar la esquina
Donde tú ya sabes

Lejos de ti

Lejos de ti
El brillo de las hojas
Adquiere un color de otoño
Las calles me fastidian
Y el bullicio sabe a soledad
No hay lluvia que moje
No hay prisa
Nadie me espera
Sólo tu recuerdo
Las horas que no acaban
Este amor que me ata
Y tu nombre
Siempre tu nombre

Seguiremos el vestigio de tu mirada

Seguiremos el vestigio de tu mirada
Camino del secreto del misterio y de la noche
Hasta la madriguera que arrulla nuestro celo
Ahí moldearemos el barro infinito

Voy a abrir tus ganas

Abriré tus ganas todas
De cuajo como al día
Sin atisbo de indecisión
Subiré quedo
Trabado de tus piernas
Como quien surca la noche
En su balsa de naufragio
Hacia la esperanza y la incertidumbre
Y luego cuando arañe la voz de tus gemidos
Tus rumores
Tu estertor y tu agonía
Clavaré la libertad en tus entrañas

Y al volverte a ver

Y al volverte a ver
Vi la calavera de un amor
Espectro de un pasado
Reflejo en el espejo
Ya empañado

Y entro en ti

De repente el tiempo calla
Por un segundo infinito
La vida está en nuestras manos
A merced de nuestro ímpetu
Hay barro hay costado
Hay manzana
Le decimos adiós al pasado
Somos nuevos los dos
Y entro en ti sujeto de un beso
Dejando huella en tu aliento
Y la noche va cayendo atónita
Vertiginosa en su propio torbellino
A la sombra abundante de tu pelo
Mientras mi amor penetra
Estremeciendo el cielo
Bajo la bienvenida ardiente
Que brinda la lluvia
De tu humedad insaciable

Tropical

Dentro

Muy dentro

Donde tus brazos sujetan el mundo

Encarnándose en mi espalda

Y me dicen que siga y siga y siga

Como baile de olas atlánticas

Frenesí interminable

Que nada nos detiene

Porque junto al sendero

Que se descubre

Va tu locura

Va tu ritmo caribe

De palmera y cocotero

Agitado

Trémulo

Va tu amor desatado

Va el río de tu sangre

Va la noche contigo

Como luz en el paraje
Cuando tu vientre
Se revuelve
Se crispa
Se estremece
Grita
El milagro es manantial
Que se devela
En nuestra playa

Y sin conocerla

Y sin conocerla
Tan sólo por la insinuación de su ternura
Del fuego de sus afirmaciones
De la manera en que corta y conjuga
El verbo vivir y sus mediasuelas
Yo quiero amarla
Como ignorando el nuevo día
Y el arcano de sus horas
Con sed
Con hambre
Amar es el río de la sangre
La mar del alma
Hilando así esperanza y buena nueva
Quiero asirme a su cuerpo
Lejano por ahora
Olvidando por él sanas costumbres
Tomando posesión como un tirano
Y posando en sus rincones

Mi sol

Mi luna

Mi lluvia

Mi placer

Mis ansiedades

Y tú en la playa

Y tú en la playa
Recogiendo huellas
Lejanas
Con tus pies descalzos
Abiertos al camino
Mojando el mar
Tu tersa promesa a mis ojos
Con tiernas olas
Como la brisa de mis manos
Sobre el arrullo de tu piel
Volcada a la espera
De mis ingentes travesías
El misterio que abandonan
Tus ojos cerrados
Como las caracolas púberes
Mientras se alzan bandadas de estrellas
En tropeles siderales

Sobre la noche y la madrugada
¡Ah! la playa
¡Ah! el vértigo de la mar desierta
¡Ah! tu nombre preso en mis furores
¡Ah! el verso que dejaste
Caminando libre a la orilla del reflejo

Aline

El amor es el único sueño que no sueña...

Jules Jean Paul Fort

Aline
Aparta la tristeza
Cuando pasa junto a mí
Su aire francés
De noche europea y canto parisino
Alegra la brisa de mi desatino
Ella en su delgadez
Sus ojos y su tez
Es un vals de poesía
De armonía y fantasía
Una garza tropical
Un ensueño de canción
Que soñara yo entonar
En una noche celestial

Y si alguna vez te vuelvo a ver

Y si alguna vez te vuelvo a ver
Hemos de sentarnos al vaivén de la noche
Y hablaremos del silencio
De aquella manzana que cayó en primavera
Bajo la mirada gris
De aquel mordisco a la esperanza
Del calor de esos años perdidos
En que la piel mudaba y encallaba el alma
De tu nombre que nunca se apartó del espejo
En mi rostro de pesadumbre y de pasado
Sin importar a quién le importa
Mi olvido en sus adentros

Made in the USA
Monee, IL
05 November 2026

67386691R10121